DER IGEL

ISBN 978-3-8094-3310-1

1. Auflage

Die französische Originalausgabe erschien unter dem Titel *Le Hérisson.*

Projektleitung dieser Ausgabe: Herta Winkler
Umschlaggestaltung: Atelier Versen, Bad Aibling
Producing: SAW Communications, Redaktionsbüro Dr. Sabine A. Werner, Mainz
Übersetzung: SAW Communications, Mainz, Sabine Tessloff
Redaktion: SAW Communications, Mainz, Dr. Wolfgang Hensel
Satz: SAW Communications, Mainz, in Zusammenarbeit mit Katrin Pfeil, Mainz
Herstellung: Sonja Storz

Druck & Bindung: Neografia, a.s.
Printed in Slovakia

FSC www.fsc.org MIX Papier aus verantwortungsvollen Quellen FSC® C020353

Verlagsgruppe Random House FSC®N001967
Das für dieses Buch verwendete FSC®-zertifizierte Papier *Profimatt* liefert Sappi, Ehingen.

WILDTIERE

DER IGEL

Corinne Chesne

Bassermann

INHALT

Vorwort

Die Igel sind Säugetiere, deren Stammbaum sehr weit zurückreicht. Es sind unermüdliche, einzelgängerische Nachttiere und wahre Meister des Überlebens mit enormer Anpassungsfähigkeit, die keinen oder doch fast keinen natürlichen Feind zu fürchten haben – bis auf den Menschen. Je nach Sichtweise gilt er uns mal als Nützling, mal als Schädling. Straßenverkehr, die städtische Infrastruktur, die Vernichtung der Wälder und der Einsatz von Pestiziden haben ihn stark dezimiert. Diesen Zustand wollen der Gesetzgeber und die Tierschutzvereine ändern.

Ein Igelleben im Bild

6

In einigen europäischen Ländern steht der Igel bereits auf der Roten Liste der gefährdeten Tierarten. In Frankreich und in Deutschland ist er durch Gesetze geschützt.

17

Die ersten Fossilien der Erinaceidae stammen aus dem Eozän (vor 55–34 Mio. Jahren); ihre Vorfahren, die Adapisoricidae, sind sogar seit der Kreidezeit (vor 145 bis 65,5 Mio. Jahren) bekannt.

18

Die Stacheln des Igels stecken in Dreiergruppen in der Haut. Die gefurchten Stacheln sind hohl und an der Wurzel gebogen, was ihnen Festigkeit und Beweglichkeit verleiht.

19

Igel können sich zu einer Kugel zusammenrollen und so alle verletzlichen Teile ihres Körpers unter den schützenden Stacheln verbergen. Damit sind sie sicher vor Raubtieren, nur der geschickte Dachs kann diese Abwehr manchmal „knacken".

20

Trotz einer gewissen äußerlichen Ähnlichkeit sind Igel nicht mit Stachelschweinen verwandt. Die Stacheln eines Stachelschweins sind länger, spitzer und – da sie sehr leicht abbrechen – auch gefährlicher.

21

Ein Igel braucht nicht mehr als drei Sekunden, um sich zu einer bewegungslosen Kugel zusammenzurollen. Dieses Verhalten ist wahrscheinlich angeboren, denn die kleinen Igel vollbringen dieses Kunststück schon im Alter von zehn Tagen.

22

Igel sind an Stürze gewöhnt; wenn sie sich senkrecht fallen lassen, federn ihre Stacheln den Aufprall ab. Sie überleben Stürze aus einer Höhe von acht Metern ohne Schaden.

23

Igel sind sehr gute Sprinter. Sie erreichen eine Höchstgeschwindigkeit von 7,2 km/h, was der Laufgeschwindigkeit des Menschen entspricht.

24–25

Um ein Weibchen anzulocken, gluckst der männliche Igel lauthals.

Ein Igelleben im Bild

26–27

Normalerweise verschläft der Igel drei Viertel des Tages; in der restlichen Zeit geht er auf Nahrungssuche.

28

Eine sehr eigenartige Verhaltensweise der Igel ist das „Selbst-Einspeicheln". Sie benutzen es zur Begrüßung, um sich vor Feinden zu tarnen, um Parasiten loszuwerden, aber auch, um Aufmerksamkeit zu erregen.

29

Sowohl in der Natur als auch in Gefangenschaft legen Igel manchmal ein seltsames Verhalten an den Tag: Sie laufen unentwegt im Kreis herum.

30–31

Igel sind äußerst resistent gegenüber Giften. Sie fressen beispielsweise Wespen, Bienen oder Hummeln, ohne auf deren Stiche zu reagieren.

33

Igel sind standorttreu, verteidigen ihr Revier aber nicht gegen Artgenossen. Wenn mehrere Igel das gleiche Revier bewohnen, tun sie alles, um sich aus dem Weg zu gehen.

34

Igel sind nur nach einer langen Schlechtwetterperiode und wenn die Nächte richtig kalt sind tagsüber anzutreffen. Wenn es stark regnet, zu heiß und trocken ist oder die Nahrung knapp wird, stellen sie jegliche Aktivität ein.

34

Igel sind überwiegend nachts aktiv. Den ersten Teil der Nacht verbringen sie mit der Nahrungssuche, den zweiten mit der Erkundung des Jagdreviers.

35

Igel leben vorzugsweise in der Nähe menschlicher Siedlungen auf dem Lande oder in lichten Wäldern. Auch in Hecken und auf Wiesen fühlen sie sich wohl.

36

Während ihres Winterschlafs legen Igel einige Wachzeiten ein, um die Übersäuerung des Blutes (Azidose) auszugleichen. Während dieser Wachzeiten steigt die Körpertemperatur an und die Fettreserven werden aufgezehrt.

Ein Igelleben im Bild

37

Die Dauer des Winterschlafs ist abhängig vom Ausgangsgewicht, der Häufigkeit der Wachzeiten und vom Stoffwechsel eines Igels.

38

Am hellen Tage liegt der Igel ausgestreckt auf der Seite, halb eingerollt und mit entspannten Muskeln.

39

Igel bauen ihre Nester stets an einem geschützten Ort, in den meisten Fällen in einer Bodenmulde. Wenn sie keinen geeigneten Platz finden, graben sie ein Erdloch, das sie mit Gräsern, Blättern und Zweigen auspolstern.

40

Männliche und weibliche Igel erreichen ihre Geschlechtsreife im Durchschnitt nach 253 Tagen. Die Paarungszeit beginnt im Allgemeinen im April und endet im August.

41

Igel werden ohne Stacheln geboren; sie sind noch in die Rückenhaut eingebettet und erscheinen erst, wenn die Haut trocknet. Diese ersten Stacheln sind weiß und weich. Erst nach etwa einem Monat ähneln sie denen der Erwachsenen.

42

Der Igel ist ein Säugetier, das zu den Höheren Säugetieren oder Plazentatieren gehört: Der Embryo entwickelt sich im Uterus der Mutter. Igelbabys werden knapp zwei Monate lang gesäugt, dann verlässt die Mutter ihre Jungen.

43

Nach dem Entwöhnen, also nach ungefähr 38 bis 40 Tagen, trennen sich die Jungigel von der Mutter und suchen sich ein eigenes Jagdgebiet. In dieser Zeit sind sie sehr verletzlich – drei Viertel der Jungigel überleben diese Phase nicht.

45

Die Jungensterblichkeit ist sehr hoch; sie beträgt bei den unter Einjährigen 75 Prozent.

Ein Igelleben im Bild

46–47

Zum Aufspüren ihrer Beute verlassen sich Igel auf Geruchssinn und Gehör. Sie streifen nachts über Wiesen und Lichtungen und suchen auf dem Boden nach Nahrung. Dabei wechseln sie regelmäßig Richtung und Geschwindigkeit.

48

Auf der Jagd verhalten sich die Igel keineswegs leise. Sie schnüffeln mit der Nase im Gras, schnaufen laut und trampeln lärmend in alle Richtungen.

49

Marder fressen mit Vorliebe Nagetiere (Feldmäuse, Waldmäuse, Spitzmäuse, Wanderratten), schrecken aber auch nicht davor zurück, einen stacheligen Igel auf die Speisekarte zu setzen.

49

Auch der Uhu macht Jagd auf kleine Igel. Dem Greifvogel mit den spitzen Krallen können die Stacheln nichts anhaben.

49

Füchse verschmähen Igel nicht, ziehen aber kleine Hasen oder Feldmäuse vor. Wenn sie einen Igel schnappen, wälzen sie ihn ins Wasser und bespritzen ihn mit Urin, bis er sich aufrollt.

50–51

Igel können unter verschiedenen Hautkrankheiten leiden. Sie werden besonders stark von Flöhen heimgesucht, Fliegen legen Maden in ihre Haut (Myiasis oder Fliegenmadenkrankheit), und Zecken können eine Anämie hervorrufen.

52–53

Die Paarungszeit beginnt Ende April und endet im August. Die geschlechtsreifen Erwachsenen bleiben in ihrem Revier, während die anderen Igel weiterziehen und umherstreifen.

54

Wie viele andere Tiere beschäftigt auch der Igel seit jeher die Fantasie des Menschen. Im Unterschied zu manchen anderen Tieren litt er lange unter der ablehnenden Haltung der Menschen.

55

Igel begleiten die Menschen schon seit vorgeschichtlichen Zeiten. Auf den Wandmalereien in der Höhle von Lascaux bei Montignac ist ein Igel neben einem Pferd dargestellt.

Ein Igelleben im Bild

56–57

In der Antike wurde das Stachelkleid zum Aufrauen von Wollwaren genutzt – der Handel mit Igeln war ein einträgliches Geschäft.

58

Der Igel hat so manchen Dingen seinen Namen geliehen. In der Landwirtschaft ist ein „Igel" ein Hackpflug mit Messern und Zinken zur Bodenlockerung; auch ein mit Mandelstiften gespicktes Gebäck in Igelform wird so genannt.

59

Im Mittelalter galt der Igel, neben der Katze und den Rabenvögeln, als Verbündeter und Hausgeist von Hexen. Es heißt deshalb, dass man in der Anwesenheit eines Igels keine Geheimnisse aussprechen sollte.

60–61

Igel lassen sich sehr leicht in einen Garten locken: Es genügt, ihnen etwas Nahrung hinzustellen und eine kleine Unterkunft zu bauen.

62

Igel kommen häufig in unsere Gärten und machen sich über verschiedene Schädlinge her.

64

Der Igel ist sogar in der Filmwelt vertreten. Die Organisatoren des internationalen Natur- und Umweltfilmfestivals, das seit 1986 in Grenoble stattfindet, vergeben jedes Jahr Gold-, Silber- und Bronzeigel an preisgekrönte Filme.

65

Der Igel heißt *hérisson* auf Französisch, *hedgehog* auf Englisch, *qunfud* auf Arabisch, *ciwei* auf Chinesisch, *erizo* auf Spanisch, *egel* auf Niederländisch, *riccio* auf Italienisch, *ourico* auf Portugiesisch und *jož* auf Russisch.

66–67

Kinder lieben Igel – offenbar schon immer. In Susa, der Hauptstadt des persischen Achämenidenreiches, wurde ein hervorragend erhaltener Spielzeugigel auf Rädern gefunden.

68–69

Das Leben eines Igels ist voller Gefahren: Schwimmbäder, Becken, Gräben, aber auch die Kanalisation, Buschfeuer, Mähmaschinen, Netze und Schädlingsbekämpfungsmittel bedrohen ihn.

Ein Igelleben im Bild

70

Für Igel stellen chemische Gifte und der Straßenverkehr eine größere Gefahr dar als ihre natürlichen Feinde. In der Tat sterben gerade einmal zehn Prozent aller Igel an Altersschwäche.

71

Der Igel gilt als ein im Durchschnitt häufiges Tier. Es ist dennoch verboten, ihn zu fangen, zu töten, zu erwerben oder zu verkaufen. Wer einen hilfsbedürftigen Igel findet, ist gehalten, ihn in einer Igelstation oder bei einem Tierarzt abzugeben.

71

Wer einen Igel im Winter in Gefangenschaft hält, verbessert keineswegs dessen Überlebenschancen, es sei denn, es handelt sich um ein junges oder krankes Tier. Wird er wieder in die Freiheit entlassen, hat er Anpassungsschwierigkeiten.

72

Weißbauchigel

75

Braunbrustigel

76

Weißbrustigel

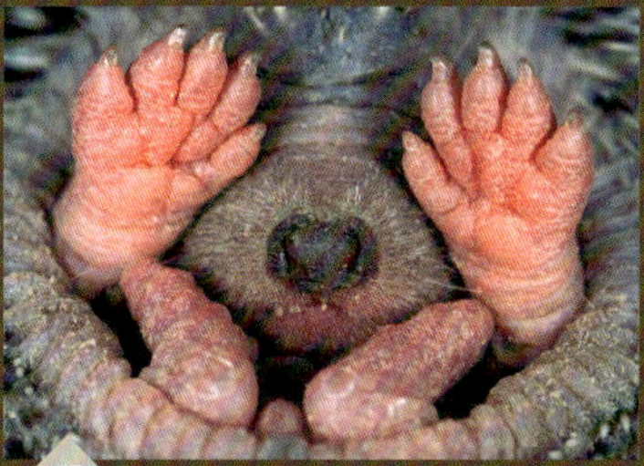

77

Langohrigel

77

Äthiopischer Igel

78

Brandts Igel

Die Vorfahren

Erscheinungsbild und Körperbau der Igel haben sich seit 15 Millionen Jahren kaum verändert. Sie tauchten erstmals vor 60 Millionen Jahren auf, nach dem Aussterben der Dinosaurier. *Zalambdalestes*, der erste Vertreter der Theria, dürfte der Stammvater der Igel sein. Er war ein etwa 20 Zentimeter langes Säugetier mit großer Schnauze, langen Zähnen, großen Augen und kleinem Kopf, das während der frühen Kreidezeit in der Mongolei lebte. Von dort breitete er sich über alle Kontinente aus, auch nach Amerika, dem einzigen Kontinent, wo der Igel heute nicht mehr vertreten ist. Das stachelige Tier ist in Asien, Afrika und Westeuropa sowie auf einigen Inseln wie Sardinien, Korsika oder den schottischen Inseln verbreitet; auf letzteren wurde er „versehentlich" mit Torf- und Heutransporten eingeführt.

Es gibt vier Abstammungslinien des Igels: zwei östliche (deren genaue Herkunft nicht bekannt ist) und zwei westliche (balkanischen Ursprungs). Die westlichen spalteten sich in zwei Arten auf – die eine mit iberischen, die andere mit italienischen Wurzeln. Die Aufspaltung erfolgte wahrscheinlich vor 1,7 bis 2,2 Millionen Jahren während der ersten Eiszeit. Damals besiedelte die iberische Linie den Westen und Norden Frankreichs, Belgien, die Britischen Inseln und Irland, während die italienischen Verwandten über die Alpen in die Schweiz, nach Deutschland, in die Niederlande (wo die Grenzlinie liegt), später nach Estland und Fennoskandinavien zogen. Die östlichen Linien wanderten höchstwahrscheinlich in Richtung Zentraleuropa. Ihre Nachkommen finden sich vor allem in Anatolien, Jordanien und Palästina.

Zur Etymologie

Der Igel trägt seinen Namen seit dem 16. Jahrhundert. Davor war er unter verschiedenen Bezeichnungen bekannt: althochdeutsch *igil (9. Jahrhundert)*, mittelhochdeutsch *igel*, altsächsisch *igil*, mittelniederdeutsch *ēgel*, mittelniederländisch *ēghel*, niederländisch *egel*, altenglisch *igil*, altnordisch *īgull*.

Die ersten Fossilien der Erinaceidae stammen aus dem Eozän (vor 55–34 Mio. Jahren); ihre Vorfahren, die Adapisoricidae, sind sogar seit der Kreidezeit (vor 145–65,5 Mio. Jahren) bekannt.

Ein Säugetier mit Stacheln

Die Stacheln des Igels stecken in Dreiergruppen in der Haut. Die gefurchten Stacheln sind hohl und an der Wurzel gebogen, was ihnen Festigkeit und Beweglichkeit verleiht.

Der Körperbau

Ein erwachsener Igel hat eine Körperlänge von 13–30 Zentimeter, wovon ein bis fünf Zentimeter auf den walzenförmigen, dünnen und spärlich bis gar nicht behaarten Schwanz entfallen. Er besitzt einen kegelförmigen Kopf mit spitzer Schnauze. Die kurzen Ohren sind teilweise unter dem Fell verborgen. Das mehr oder weniger weiche Fell bedeckt auch den Kopf, Bauch und die Pfoten. Es wird regelmäßig erneuert und ist je nach Art und Region hell- bis dunkel-graubraun gefärbt. Brust, Hals, Flanken und die Schultern können weiß gefleckt sein. Bei manchen Arten sind die Augen und die Nase von schwarzen Haaren umgeben.

Igel wiegen zwischen 300 und 2200 Gramm; das Gewicht kann aber je nach Alter, Gesundheitszustand, Jahreszeit und Nahrungsangebot beträchtlich schwanken. Die Gliedmaßen, die an eine langsame, vorwärtsgerichtete Gangart angepasst sind, enden in fünf Zehen mit scharfen Krallen (die Gattung *Atelerix* hat nur vier Zehen). Die großen Zehen der Vorderpfoten stehen weit auseinander, die dünneren Zehen der Hinterpfoten enger zusammen.

Igel können sich zu einer Kugel zusammenrollen und so alle verletzlichen Teile ihres Körpers unter den schützenden Stacheln verbergen. Damit sind sie sicher vor Raubtieren, nur der geschickte Dachs kann diese Abwehr manchmal „knacken".

Das Stachelkleid

Alle Igel tragen auf ihrem Rücken ungefähr 7000, zwei bis drei Zentimeter lange Stacheln, die in Dreiergruppen in der Haut sitzen und sich überkreuzen. Bei der geringsten Gefahr stellen Igel ihre Stacheln senkrecht auf. Die Stacheln sind umgewandelte, sehr harte Haare mit dunkelbrauner Basis, hellbrauner Mitte und weißer Spitze. Luftgefüllte Räume, die durch Querwände getrennt sind, geben ihnen Stabilität. Die Stacheln sind äußerst widerstandsfähig, aber dennoch sehr leicht, sehr biegsam und sehr bruchfest, sodass sie jeden Sturz abfedern.

Bei der Geburt sind die Stacheln eines Igelbabys in der Haut eingebettet. Etwa 24 Stunden später richten sich die weißen und relativ weichen Babystacheln auf. Nach etwa 12 bis 36 Stunden erscheint eine zweite Stachelgeneration aus braun-weiß geringelten Stacheln. Diese wiederum werden bei sechs Wochen alten Igeln durch die endgültigen, harten Stacheln ersetzt. Wenn der kleine Igel das Nest verlässt, trägt er 3500 Stacheln, die eine Lebensdauer von ungefähr 18 Monaten haben.

Bei der geringsten Gefahr verändert das Stachelkleid eines Igels sein Aussehen. Vom Kopf an abwärts richten sich die Stacheln kreuz und quer auf. Diese Veränderung wird durch das Zusammenziehen der Hautmuskulatur ausgelöst. Igel können ihre Stacheln aber auch so dicht an den Körper anlegen, dass sie sich durch eine nur vier Zentimeter große Öffnung zwängen können.

Trotz einer gewissen äußerlichen Ähnlichkeit sind Igel nicht mit Stachelschweinen verwandt. Die Stacheln eines Stachelschweins sind länger, spitzer und – da sie sehr leicht abbrechen – auch gefährlicher.

Einrollen

Das Aufrichten des Stachelkleids ist aber nicht die einzige Verteidigungsstrategie des Igels, sondern er rollt sich zusätzlich zu einer Kugel zusammen. Dabei stülpt er seine stachelige Haut wie eine Kappe über Körper und Kopf, auch Beine, Ohren und der Schwanz verschwinden darunter; letzterer reicht dann bis zum Kopf. Das Einrollen wird durch die Hautmuskulatur des Igels ausgelöst: Ein Ringmuskel verläuft vom Schwanz zum Rücken und ein Schließmuskel hält die Kugel geschlossen. Der Igel kann in dieser Haltung mehrere Stunden lang ausharren. Wer versucht, einen eingerollten Igel zu berühren, wird überrascht feststellen, dass die Stacheln sich verhärten und sogar ein ungnädiges Fauchen vernehmen.

Ein Igel braucht nicht mehr als drei Sekunden, um sich zu einer bewegungslosen Kugel zusammenzurollen. Dieses Verhalten ist wahrscheinlich angeboren, denn die kleinen Igel vollbringen dieses Kunststück schon im Alter von zehn Tagen.

Igel sind an Stürze gewöhnt; wenn sie sich senkrecht fallen lassen, federn ihre Stacheln den Aufprall ab. Sie überleben Stürze aus einer Höhe von acht Metern ohne Schaden.

In alle Richtungen

Igel haben nur ein mäßiges Sehvermögen, das allerdings besser ist, als früher angenommen. Sie reagieren auf einige Farben und sehen nachts gut. Ihre wichtigsten Sinne sind jedoch Geruchssinn und Gehör. Besonders der Geruchssinn ist hervorragend entwickelt. Igel schnüffeln mit ihrer langen Schnauze ständig am Boden und spüren mit ihrer feinen Nase Beutetiere bis drei Zentimeter tief im Boden auf. Ihre schlimmsten Feinde erschnüffeln sie auf zehn Meter Entfernung. Selbstverständlich spielt der Geruchssinn auch bei der Verständigung mit Artgenossen und der Fortpflanzung eine wichtige Rolle.

Die kleinen Ohren des Igels entwickeln ein sehr gutes Hörvermögen. Er hört zwar keine niedrigen Frequenzen, nimmt aber Tonhöhen von 45 kHz bis 60 kHz wahr, selbst wenn er im Winterschlaf ist. Igel lokalisieren Beutetiere, die sich im Boden eingegraben oder unter Blättern versteckt haben, präzise mit dem Gehör; Feinde hören sie schon aus fünf bis sechs Metern Entfernung.

Ein wahrer Athlet

Die meisten Menschen kennen Igel als langsame Tiere, die beim Gehen mit dem Bauch fast auf dem Boden schleifen. Dabei sind sie für ihre Größe in der Tat wahre Schnellläufer! Sie schaffen mühelos 40 Meter in der Minute (das 150 -fache ihrer Körperlänge), was unserem langsamen Gehen entspricht (etwa 2,5 km/h). Igel können sogar bis auf zwei Meter pro Sekunde beschleunigen und sind geschickte Kletterer, die Mauern, Zäune oder Treppen erklimmen. Statt mühsam wieder herabzusteigen, rollen sie sich einfach zur Kugel und lassen sich fallen. Man findet leider häufig Igel, die in Schwimmbädern oder Becken ertrunken sind. Sie sind zwar gute Schwimmer, finden auf den glatten Beckenwänden aber keinen Halt und können deshalb nicht mehr heraus klettern. Wasserläufe durchschwimmen sie dagegen ohne größere Schwierigkeiten.

37 Grad Celsius im Schatten

Erstaunlicherweise sinkt am Tage die Temperatur des Igels um zwei Grad Celsius unter seine nächtliche Körpertemperatur von maximal 37 Grad Celsius. Die tiefste Temperatur von 35 Grad Celsius wird immer gegen 15 Uhr erreicht; dann steigt sie langsam wieder an und ist gegen drei Uhr morgens am höchsten. Das beweist, dass sich der Körper des Igels nicht etwa durch vermehrte Bewegungen erwärmt. Im Gegenteil, der Igel muss nur warten, bis seine Körperwärme ansteigt und er wieder seine maximale Aktivität aufnehmen kann.

Igel sind sehr gute Sprinter. Sie erreichen eine Höchstgeschwindigkeit von 7,2 km/h, was etwa der Laufgeschwindigkeit des Menschen entspricht.

In allen Tönen

Igel beherrschen eine ganze Palette von Lautäußerungen. Wenn Igel sich vor einer Gefahr fürchten oder starken Schmerz empfinden, stoßen sie einen gellenden Schrei aus, der dem eines Schweins gleicht. Wenn sie loslaufen oder kurz davor, schnalzen sie mit der Zunge. Auf einen Artgenossen in ihrer Nähe reagieren sie mit unregelmäßigen, fauchenden Tönen. Stehen sich die beiden dann unmittelbar gegenüber, nimmt das Fauchen zu, da die einzelgängerischen Igel ihren Artgenossen misstrauen. Schließlich beginnen sie als deutliches Zeichen der Ablehnung zu grunzen, um den Gegner vor einem Angriff oder einer Beißattacke zu warnen. Wenn ein Männchen die Aufmerksamkeit eines Weibchens auf sich lenken will, zögert es nicht, aus vollem Hals zu keckern. Weibchen rufen mit ähnlichen Lauten nach ihren Jungen; diese wiederum rufen ihre Mutter mit Piepsen und Pfeifen. Nur die Weibchen knirschen mit den Zähnen, wenn sie niemanden in ihrer Nähe haben wollen. Fressende Igel pfeifen und grunzen, außerdem kauen sie geräuschvoll. Bei der Nahrungssuche schnüffeln Igel auffallend laut, um Beute im Boden aufzuspüren. Außerdem niesen und husten sie sehr häufig.

Um ein Weibchen anzulocken, gluckst der männliche Igel lauthals.

Normalerweise verschläft der Igel drei Viertel des Tages; in der restlichen Zeit geht er auf Nahrungssuche.

Ein drolliges Tier

Eine sehr eigenartige Verhaltensweise der Igel ist das „Selbst-Einspeicheln". Sie benutzen es zur Begrüßung, um sich vor Feinden zu tarnen, um Parasiten loszuwerden, aber auch, um Aufmerksamkeit zu erregen.

Der Speichel des Igels

Nähern Sie sich einem Igel, beispielsweise mit einem Klebstift, einem Zigarettenstummel, einem schweißnassen oder mit Parfüm besprühten T-Shirt, mit Seife, einer Zeitung, einer Wolldecke, einem Stück Leder, einem lackierten Holzstück oder einer schmutzigen Bürste, dann werden Sie ein sehr seltsames und eigentümliches Verhalten erleben. Übrigens verhalten sich Igel draußen in der Natur ganz entsprechend, wenn sie beispielsweise auf einen Regenwurm, welke Blätter, bestimmte verwesende Tiere oder Hundekot stoßen.

Nachdem das Tier den Gegenstand eingehend beschnüffelt hat, wird dieser ausgiebig beleckt und schließlich sogar in den Mund genommen. Dabei sondert der Igel reichlich weißen, schaumigen Speichel ab. Dann streckt er seine Vorderbeine steif aus, wendet den Kopf wie im Krampf zur Seite oder nach oben und schleudert den Speichelschaum mit der Zunge auf seine Stacheln. Das wiederholt er bis zu vierzigmal hintereinander. Dieses Verhalten kann sich über einige Minuten bis zu mehreren Stunden hinziehen. Danach ist der Igel erschöpft und oft auch hungrig. Dieses „Selbst-Einspeicheln" ist seit fast einem Jahrhundert bekannt und wurde intensiv untersucht, ohne dass sich bisher eine befriedigende Erklärung gefunden hätte – vermutet wurden beispielsweise Tarnung, Pflege des Stachelkleides, Abkühlung oder Verteidigung. Genauere, in der Natur durchgeführte Untersuchungen haben gezeigt, dass der Igel sich am häufigsten in der Paarungszeit einspeichelt. Hier dient dieses Verhalten höchstwahrscheinlich als sexuelles Signal. Andere Experimente könnten darauf schließen lassen, dass das Selbst-Einspeicheln eher dazu dient, sich bemerkbar zu machen und Aufmerksamkeit zu erregen.

Sowohl in der Natur als auch in Gefangenschaft legen Igel manchmal ein seltsames Verhalten an den Tag: Sie laufen unentwegt im Kreis herum. Dieses Verhalten scheint jedoch typisch für diese Tiere zu sein und dürfte kein Anzeichen für eine Krankheit oder eine Störung sein.

Die Quadratur des Kreises

Wer einen Igel über längere Zeit beobachtet, wird früher oder später ein weiteres merkwürdiges Verhalten bemerken: Der Igel läuft wie besessen im Kreis herum. Für dieses zumindest seltsame Verhalten gibt es auch heute noch keine vernünftige Erklärung. Manche meinen, dass dieser Rundlauf auf einen Schädlingsbefall der Ohren oder auf unerträgliche Gerüche zurückgehen könnte. Was immer der Grund sein mag, Igel können diese Choreografie stundenlang wiederholen, ohne ihrer Umgebung die geringste Aufmerksamkeit zu schenken. Das einzige, was ihre kontinuierliche Bewegung bremsen kann, ist Regen. Nur gelegentlich machen sie eine Pause, drehen sich um sich selbst und nehmen dann ihren Rundkurs wieder auf.

Maximale Widerstandskraft

Igel sind resistent gegen ganz unterschiedliche Gifte. Sie fressen sogar Ölkäfer wie die Spanische Fliege, die das starke Nervengift Cantharidin ausscheiden; ein Fünftelgramm Cantharidin reicht

Igel sind äußerst resistent gegenüber Giften. Sie fressen beispielsweise Wespen, Bienen oder Hummeln, ohne auf deren Stiche zu reagieren.

aus, um fünfzig Menschen umzubringen. Auch Wespen, Bienen und Hummeln fressen sie ohne jegliche Beschwerden und vertragen selbst erstaunlich hohe Dosen von Blausäure und Wundstarrkrampfgift. Allein der, zum Glück seltene, Biss einer Kreuzotter kann Igeln gefährlich werden: Sie erkranken und können innerhalb weniger Tage sterben.

Der Wetterigel

Seit Jahrtausenden glauben die Menschen, aus dem Verhalten der Igel das Wetter vorhersagen zu können. So war man in der Antike davon überzeugt, dass ein Igel seinen Nesteingang nach der Wind-/Wetterrichtung ausrichtet. Wenn der Igel schnell in seiner Erdhöhle verschwand, galt das als Anzeichen für Regen. Dieser meteorologische Aberglaube hielt sich bis weit über das Mittelalter hinaus. Das gilt gleichermaßen für die folgende Bauernregel: Wenn ein Igel zu Lichtmess (2. Februar) seine Höhle verlässt, sollte das ein sicheres Zeichen dafür sein, dass der Winter noch weitere sechs Wochen andauert.

Warm und kalt

Igel in der Stadt, Igel auf dem Land

Igel geben sich mit allen Lebensräumen zufrieden, in denen sie sicheren Unterschlupf und Nahrung finden. Auf der Suche nach einem Revier bevorzugen sie allerdings Waldlichtungen und Kulturlandschaften, insbesondere offene Nutzflächen mit Hecken und Gebüsch, immer häufiger auch ländliche Siedlungsgebiete. Außerdem findet man sie auf Feuchtwiesen, in lichten Gehölzen, Heidelandschaften, Steppen, Wohnvierteln in den Randgebieten der Städte und selbst in Wäldern, wenn diese mit vielen Laubbäumen durchsetzt sind. Im Gebirge kommen Igel bis zu einer Höhe von 1200 Metern vor; im Sommer wandern sie gelegentlich sogar in Höhen von 1600–3000 Metern.

Igel beanspruchen ein Streifgebiet von etwa 5–15 Hektar. Ihre Reviere fallen aber je nach Alter, Geschlecht sowie der Jahreszeit ganz unterschiedlich aus. So beschränken sich die Weibchen, vor allem in der Fortpflanzungszeit, auf ein kleineres Territorium als die Männchen, die einen größeren Aktionsradius bevorzugen. In ländlichen Regionen ist der Lebensraum des Igels wesentlich größer als in der Stadt.

Nachts unterwegs

Selbst wenn sie nicht gerade Winterschlaf halten, verbringen Igel drei Viertel ihrer Zeit im Schlaf. Die nachtaktiven Tiere schlafen während der hellen Tagesstunden und sind zwischen 18 und 5 Uhr wach. Ab der Dämmerung bis zwei Uhr morgens sind sie besonders aktiv. Dann gehen die Igel auf Nahrungssuche, fressen oder machen sich auf, ihr Revier zu erkunden. Während der Paarungszeit suchen sie dann auch gern die Gesellschaft von Artgenossen des anderen Geschlechts. Im Frühling und im Herbst beschleunigt der Igel sein Tempo – im Sommer nimmt er sogar mehrstündige Wanderungen auf sich, um besonders gute Futterplätze zu finden. Sollte es allerdings sehr kalt werden, stark regnen

Igel sind standorttreu, verteidigen ihr Revier aber nicht gegen Artgenossen. Wenn mehrere Igel das gleiche Revier bewohnen, tun sie alles, um sich aus dem Weg zu gehen.

oder sollte die Nahrung knapp werden, verlegen Igel einen Teil ihrer Aktivitäten in die Tagesstunden. Lassen die Umstände selbst das nicht zu, stellen sie jegliche Aktivität ein.

Ein bleierner Schlaf

Igel bauen stets mehrere Nester, die über ihr ganzes Revier verteilt sind. Allerdings suchen sie nur ein Nest regelmäßig auf, die übrigen dienen als „Zweitwohnsitze". Während manche Igel mit zwei Nestern zufrieden sind, bauen andere rund fünfzehn Nester an verschiedenen Stellen, was ihre Wanderungen im Revier erleichtert. Igel nisten meist allein; sie legen ihre Nester in Böschungen, Vertiefungen im Boden, unter Zweigen, Blättern, Sträuchern oder Holzstapeln an. Die Wände polstern sie bis 15 Zentimeter dick mit Gräsern, vorwiegend jedoch mit Laub aus. Das gut isolierte, fertige Nest ist sehr robust und wasserdicht. Als Eingang dient ein kleiner Tunnel, den sie mit den Pfoten graben. Igel legen ihre Wohnungen nicht auf Dauer an – die meisten werden spätestens nach sechs Monaten aufgegeben und nur wenige überdauern bis ins nächste Jahr. Nur zur Jungenaufzucht und während des Winterschlafes ziehen sich die Igel völlig in ihre Nester zurück.

Igel sind nur nach einer langen Schlechtwetterperiode und wenn die Nächte richtig kalt sind tagsüber anzutreffen. Wenn es stark regnet, zu heiß und trocken ist oder die Nahrung knapp wird, stellen sie jegliche Aktivität ein.

Igel sind überwiegend nachts aktiv. Den ersten Teil der Nacht verbringen sie mit der Nahrungssuche, den zweiten mit der Erkundung des Jagdreviers.

Igel leben vorzugsweise in der Nähe menschlicher Siedlungen auf dem Lande oder in lichten Wäldern. Auch in Hecken und auf Wiesen fühlen sie sich wohl.

Neben den Tanreks (ein igelartiges Tier aus Madagaskar) gehören die Igel zu den wenigen Insektenfressern, die mehr oder weniger lange Winterschlaf halten. Die Schlafbereitschaft beginnt in unseren Breiten im Herbst, wenn die Außentemperatur in der Nähe von zehn Grad Celsius liegt und die Nesttemperatur auf kritische 15 Grad Celsius absinkt. In den wärmeren Ländern setzt die Schlafbereitschaft in der kühleren Jahreszeit bereits bei etwa 20–24 Grad Celsius ein. Bei extremer Hitze ziehen sich Igel in einen Sommer- oder Trockenschlaf zurück. Der tiefe Schlaf kann auch durch Nahrungsmangel oder innere Faktoren wie den Anstieg von Insulin oder die Synthese von Melatonin ausgelöst werden. Vor dem eigentlichen Winterschlaf fällt der Igel in einen Halbschlaf.

Im Tiefschlaf verlangsamen sich alle Lebensvorgänge des Igels, um seinen Energieverbrauch so weit wie möglich abzusenken. Er atmet langsamer, sein Herz schlägt nur noch rund zwanzig Mal in der Minute; es kann sogar mehrere Minuten aufhören zu schlagen. Das könnte gefährlich werden, doch da das Blut seine Zusammensetzung ändert, bilden sich keine gefährlichen Blutgerinnsel.

Während ihres Winterschlafs legen Igel einige Wachzeiten ein, um die Übersäuerung des Blutes (Azidose) auszugleichen. Während dieser Wachzeiten steigt die Körpertemperatur an und die Fettreserven werden aufgezehrt.

Die Dauer des Winterschlafs ist abhängig vom Ausgangsgewicht, der Häufigkeit der Wachzeiten und vom Stoffwechsel eines Igels.

Auch die Körpertemperatur sinkt ab, bis sie die der Umgebung erreicht hat. Die Wärmeregelung ist jetzt ausgeschaltet und schaltet sich erst wieder ein, sobald die Körpertemperatur auf 4 Grad Celsius sinkt – diese kritische Temperatur wirkt als Weckreiz.

Ein Igel im Winterschlaf rollt sich fest zusammen und reagiert nur, wenn man ihn berührt. Von Lärm lässt er sich nicht stören. Das Fett, das er sich im Sommer angefressen hat, wird im Winter nach und nach verbrannt, vor allem in den Aufwachphasen. Da ein Igel im Winterschlaf bis zu 40 Gramm im Monat verliert, überleben Tiere ohne ausreichende Fettreserven den Winter nicht. Nur der Wasser- und Mineralhaushalt bleibt bei allen Igeln konstant.

Igel bauen ihre Nester stets an einem geschützten Ort, in den meisten Fällen in einer Bodenmulde. Wenn sie keinen geeigneten Platz finden, graben sie ein Erdloch, das sie mit Gräsern, Blättern und Zweigen auspolstern. Um die Wände aufzuhäufen, springt und rollt er in alle Richtungen.

Tagesschlaf

Am Tag schlafen Igel ausgestreckt auf der Seite liegend, halb zusammengerollt und mit entspannten Muskeln. Manchmal strecken sie sich in ihrer ganzen Länge flach aus, wobei sie ihre Stacheln nach hinten umlegen. Kaum berührt man sie, zucken sie zusammen, bilden eine Kugel und wachen auf.

Am hellen Tage liegt der Igel ausgestreckt auf der Seite, halb eingerollt und mit entspannten Muskeln.

Stachelige
Liebe

Männliche und weibliche Igel erreichen ihre Geschlechtsreife im Durchschnitt nach 253 Tagen. Die Paarungszeit beginnt im Allgemeinen im April und endet im August.

Igel werden nach neun bis zwölf Monaten geschlechtsreif. Die Fortpflanzungsperiode beginnt im März oder April, wenn die Tiere aus ihrem Winterversteck kommen, und endet im August oder September. Die günstigste Zeit ist von Mai bis Juni. Ein Igelmännchen erweitert seinen Lebensraum nun auf sämtliche Reviere der Weibchen. Auf der Suche nach einer Partnerin legt es durchaus mehrere Kilometer zurück.

Igel werden ohne Stacheln geboren; sie sind noch in die Rückenhaut eingebettet und erscheinen erst, wenn die Haut trocknet. Diese ersten Stacheln sind weiß und weich. Erst nach etwa einem Monat ähneln sie denen der Erwachsenen.

Der Igel ist ein Säugetier, das zu den Höheren Säugetieren oder Plazentatieren gehört: Der Embryo entwickelt sich im Uterus der Mutter. Igelbabys werden knapp zwei Monate lang gesäugt, dann verlässt die Mutter ihre Jungen.

Heftige Paarung

Wenn sich zwei Igel unterschiedlichen Geschlechts treffen, flieht das Weibchen zunächst vor dem Männchen, um ihm seine Abneigung zu zeigen, stößt es weg, schnauft und faucht. Erst wenn beide paarungsbereit sind, beginnt das Liebesspiel. Urin- und Kotausscheidungen begleiten das „Igelkarussell", bei dem das Männchen ein Weibchen immer schneller und mit steigender Erregung umkreist. Dabei schubst das Männchen seine umworbene Partnerin mit der Schnauze und den Pfoten. Diese antwortet mit lautem Fauchen, vollbringt kleine Sprünge und trippelt auf der Stelle. Darauf schürzt das Männchen die Lippen und beschreibt kreisförmige Bögen. Dieser Hochzeitstanz kann stundenlang dauern, und jeder Störenfried wird vom Männchen schnaufend und boxend in die Flucht geschlagen.

Die Paarung erfolgt in der nächsten oder übernächsten Nacht: Das Weibchen drückt sich eng an den Boden und legt die Stacheln dicht an. Dann steigt das Männchen von hinten auf, hält die

Igelin an den Flanken fest und beißt sie in den Hals. Nach der Ejakulation werden die Geschlechtswege des Weibchens von einem Pfropf verschlossen, der sich aus den Drüsenausscheidungen des Männchens bildet. Danach macht sich das Männchen auf zu neuen Abenteuern.

Acht Wochen im Nest

Der Eisprung findet ein- bis zweimal im Jahr statt, im April/Mai oder Juni, dann im August oder September.

Nach einer Tragzeit von vier bis sieben Wochen kommen die meisten Igelbabys im Juni oder Juli zur Welt. Einige Tage vor der Niederkunft baut das Weibchen ein großes Nest an einem abgelegenen Ort und nimmt keine Nahrung mehr auf. Im Durchschnitt bringt die Igelmutter sieben bis neun Jungen zur Welt, im Norden und im Gebirge auch mehr. Igelbabys werden mit dem Kopf oder dem Steiß zuerst geboren. Die Mutter kümmert sich allein um sie, zögert aber nicht, sie bei der geringsten Gefahr zu verlassen oder

Nach dem Entwöhnen, also nach ungefähr 38 bis 40 Tagen, trennen sich die Jungigel von der Mutter und suchen sich ein eigenes Jagdgebiet. In dieser Zeit sind sie sehr verletzlich – drei Viertel der Jungigel überleben diese Phase nicht.

Die Jungensterblichkeit ist sehr hoch; sie beträgt bei den unter Einjährigen 75 Prozent.

sogar zu töten. Wenn das letzte Junge geboren ist, legt sie es neben seine Brüder und Schwestern an ihren Bauch, wo sie gleich zu trinken beginnen. Igelmütter säugen ihre Babys knapp zwei Monate lang. Trotz ihrer Fürsorge überleben nur selten alle Igel eines Wurfes.

Igelbabys wiegen bei der Geburt zwischen 12 und 25 Gramm und messen fünf bis neun Zentimeter. Die bei der Geburt geschlossenen Augen und Ohren öffnen sich erst nach 15 Tagen. Die vollständig nackten Igelbabys haben einen rosa Bauch und einen grauen Rücken. Ihre ersten weißen Stacheln sind zwar bereits zu sehen, brechen aber erst nach 14 Stunden durch die Haut; in der sechsten Woche fallen sie wieder aus.

Nach 36–60 Stunden erscheint eine zweite, hell- und dunkelbraun gestreifte Stachelgeneration. Im Alter von einer Woche können Igelbabys sich zusammenrollen und pfeifen. Mit 17 Tagen bewegen sie sich mit Hilfe ihrer Vorderpfoten zum ersten Mal.

Im Alter von drei Wochen tragen die kleinen Igel ein Fell und Stacheln und die ersten Zähne kommen zum Vorschein. Nun wagen sie sich aus dem Nest und nach etwa 40 Tagen essen sie ihre erste feste Nahrung. Dann gehen sie zusammen mit der Mutter auf Futtersuche. Bei den ersten Zeichen der Selbstständigkeit, nach etwa acht Wochen, vertreibt sie ihre Jungen aus dem gemeinsamen Nest.

Wenige Überlebende

Bei Jungigeln im Nest beträgt die Sterblichkeit 20 Prozent, weitere 75 Prozent überleben ihr erstes Jahr nicht. Von den wenigen Überlebenden überstehen nur etwa 14 Prozent die nächsten drei Jahre. Danach liegt ihre Lebenserwartung bei vier (drei Prozent), fünf (zwei Prozent) oder sechs Jahren (knapp ein Prozent).

Leben
oder überleben

Wer auf die Jagd geht ...

Wenn ein Igel aus dem Tagesschlaf erwacht, trottet er meist in seinem Jagdgebiet umher. Er schnüffelt fortwährend in der Luft und stöbert unter Blättern, im Moos, unter Steinen. Wittert er eine Beute, schnüffelt er intensiver und beginnt laut zu schnaufen. Dann wühlt er auf der Suche nach Futter mit seinen Krallen den Boden auf. Seinem sehr feinen Gehör entgeht auch nicht das leiseste Rascheln, Pfeifen oder Zirpen. Hat er schließlich seine Beute vor sich, packt er blitzschnell mit den Zähnen zu und schüttelt sie so lange, bis sie tot ist. Größere Beutetiere fixiert er mit den Vorderfüßen am Boden. Er verspeist seine Opfer laut schmatzend und hat auch mit Knochen und Insektenpanzern keinerlei Probleme.

Der Igel gehört zwar zur Gruppe der Insektenfresser, ernährt sich im Grunde aber wie ein Allesfresser mit einer Vorliebe für tierische Nahrung. Er verzehrt zahlreiche Wirbellose (etwa 100 pro Nacht), vor allem Laufkäfer, Regenwürmer, Asseln und Spinnen. Außerdem frisst er Schnecken, Hundert- und Tausendfüßer, Fliegen, Mücken und andere Zweiflügler sowie Ohrwürmer, Bienen, Wespen und Ameisen.

Zum Aufspüren ihrer Beute verlassen sich Igel auf Geruchssinn und Gehör. Sie streifen nachts über Wiesen und Lichtungen und suchen auf dem Boden nach Nahrung. Dabei wechseln sie regelmäßig Richtung und Geschwindigkeit.

Auf der Jagd verhalten sich die Igel keineswegs leise. Sie schnüffeln mit der Nase im Gras, schnaufen laut und trampeln lärmend in alle Richtungen.

Manchmal stehen auch Wirbeltiere auf dem Speiseplan, zum Beispiel Frösche, Kröten, kleine Reptilien, Vögel und Säugetiere. Ihre ohnehin schon abwechslungsreiche Kost ergänzen sie noch mit Vogeleiern oder Abfall, den Menschen, Hunde oder Katzen hinterlassen.

... hat auch Feinde

Igel haben nur wenige Fressfeinde. Dachs und Fuchs stehen ganz oben auf der Liste, aber beide kommen in ihrem Lebensraum immer seltener vor und sind deshalb keine wirkliche Bedrohung für die Igelpopulation. Marder, Steinadler und Uhu fressen auch Igel, bevorzugen jedoch Aas. Viel gefährlicher sind Steinmarder, Iltis, Wildschwein, Katzen und Hunde: Sie können einen ganzen Wurf in Windeseile vernichten.

Marder fressen mit Vorliebe Nagetiere (Feldmäuse, Waldmäuse, Spitzmäuse, Wanderratten), schrecken aber auch nicht davor zurück, einen stacheligen Igel auf die Speisekarte zu setzen.

Füchse verschmähen Igel nicht, ziehen aber kleine Hasen oder Feldmäuse vor. Wenn sie einen Igel schnappen, wälzen sie ihn ins Wasser und bespritzen ihn mit Urin, bis er sich aufrollt.

Auch der Uhu macht Jagd auf kleine Igel. Dem Greifvogel mit den spitzen Krallen können die Stacheln nichts anhaben.

Igel können unter verschiedenen Hautkrankheiten leiden. Sie werden besonders stark von Flöhen heimgesucht, Fliegen legen Maden in ihre Haut (Myiasis oder Fliegenmadenkrankheit), und Zecken können eine Anämie hervorrufen.

Ein Flohzirkus

Igel leiden häufig unter Parasiten, wie Milben und Zecken. In einem Igelnest entwickeln sich zahlreiche Flohlarven; die erwachsenen Flöhe setzen sich auf der Haut des Igels fest und saugen Blut. Auf einem einzelnen Igel leben 100–500 Flöhe. Zecken setzen sich meist in der Ohrengegend fest, Milben leben in den Haarbälgen oder in der Haut. Die geschädigten Hautpartien bilden eine weit geöffnete Tür für Entzündungen, Geschwüre und andere Krankheiten (Anämie, Atemwegserkrankungen). Igel mit angegriffener Gesundheit haben weniger Abwehrkräfte gegen Innen-

schmarotzer (Saug-, Band- und Fadenwürmer) oder tödliche Krankheiten. Da Igel Schnecken und Insekten fressen, die als Zwischenwirte dienen, nehmen sie häufig unterschiedlichste Parasiten über ihre Nahrung auf.

Nächste Doppelseite: Die Paarungszeit beginnt Ende April und endet im August. Die geschlechtsreifen Erwachsenen bleiben in ihrem Revier, während die anderen Igel weiterziehen und umherstreifen.

Igel
und Menschen

Wie viele andere Tiere beschäftigt auch der Igel seit jeher die Fantasie des Menschen. Im Unterschied zu manchen anderen Tieren litt er lange unter der ablehnenden Haltung der Menschen.

Zur Linderung von Beschwerden

Im Mittelalter wurden viele Tiere und Tierprodukte zu Arzneimitteln verarbeitet, und Igel bildeten da keine Ausnahme. Ihr Fleisch und ihre Haut, geräuchert und mit Harz, Honig oder auch mit flüssigem Pech vermischt, sollten die Kahlköpfigkeit beheben und alle Krankheiten der behaarten Haut heilen, ja sogar die Haare wieder wachsen lassen. Umgekehrt empfahl man die Anwendung von Igelgalle auf hässlichen Haarstellen, damit sie nicht mehr nachwuchsen. Zur Heilung von Furunkeln, Linderung

von Brandwunden und Beschleunigung der Narbenbildung wurde nicht selten Igelfett verwendet, das in der Regel mit Blut oder Asche vermischt wurde. Für alle Beschwerden rund um die Harnwege verschrieb man einen Trank aus dem Fleisch oder der Haut des Igels. Probleme mit dem Sehvermögen konnten mit dem Verzehr des rechten Auges eines Igels, gebraten in Leinöl, behandelt werden.
Heute dient der Igel Wissenschaftlern als Modellorganismus für die Erforschung bestimmter Erkrankungen des Fußes, des Mundes, aber auch von Gelbfieber und Influenza.

Auch die Roma hielten den Igel lange Zeit für ein Tier mit Heilkräften. Mit seinem Fett wurden Verstauchungen, rheumatische Beschwerden, Hühneraugen und Ohrenschmerzen behandelt. Sein Fleisch sollte Magenschmerzen lindern. Und wenn man Keuchhusten oder Zahnschmerzen schnell heilen wollte, musste man an einer Igelpfote lutschen.

Igel begleiten die Menschen schon seit vorgeschichtlichen Zeiten. Auf den Wandmalereien in der Höhle von Lascaux bei Montignac ist ein Igel neben einem Pferd dargestellt.

In der Antike wurde das Stachelkleid zum Aufrauen von Wollwaren genutzt – der Handel mit Igeln war ein einträgliches Geschäft.

Der Igel hat so manchen Dingen seinen Namen geliehen. In der Landwirtschaft ist ein „Igel" ein Hackpflug mit Messern und Zinken zur Bodenlockerung; auch ein mit Mandelstiften gespicktes Gebäck in Igelform wird so genannt.

Der Stacheln wegen

Die Römer der Antike rauten mit der Haut des Igels Woll-, Leinen- und Hanfstoffe auf. Kutscher benutzten sie lange Zeit dazu, die Kutschpferde am Einschlafen zu hindern und Jockeys trieben damit ihr Reittier an.

Bauern setzten Igelhaut auf die Schnauze von Kälbern, um die Tiere so schneller von der Muttermilch zu entwöhnen. Im Mittelalter benutzte man die stachelige Haut als Kleiderbürste und in Deutschland wurden Igelstacheln noch im 19. Jahrhundert als Sektionsnadeln verwendet.

Es heißt, dass ...

Dem Igel begegnen wir in zahlreichen Legenden, von denen viele bis heute überliefert sind. Im 1. Jahrhundert n. Chr. beispielsweise berichtet der Naturforscher Plinius der Ältere in seiner

Naturgeschichte (8. Buch, LVI), dass die „Igel auch Vorräte für den Winter anlegen; sie wälzen sich in Fallobst, spießen Früchte mit ihren Stacheln auf, nehmen auch einige in ihr Maul und tragen alles in ihre Baumhöhle". Diese hübsche Geschichte ist zwar falsch, wird aber in den mittelalterlichen Bestiarien (und dann in englischen Schriften des 17. Jahrhunderts) weiter ausgeschmückt: Danach sollen Igel auf Bäume klettern, um die Früchte herabzuwerfen und ihren Jungen als Nahrung bringen. In Wirklichkeit können Igel nur auf niedrige Mauern

Im Mittelalter galt der Igel, neben der Katze und den Rabenvögeln, als Verbündeter und Hausgeist von Hexen. Es heißt deshalb, dass man in der Anwesenheit eines Igels keine Geheimnisse aussprechen sollte.

klettern und denken gar nicht daran, ihre Jungen mit Obst zu füttern.

Im Mittelalter glaubte man auch, dass der Igel ruhenden Kühen Milch aus den Eutern saugt. Man hat ihn sogar angeklagt, die Tiere auszusaugen, sie zu verhexen und die Maul- und Klauenseuche zu übertragen. In der Tat setzte man in ganz Europa einen Preis auf seinen Kopf aus. Manche Bauern scheinen noch heute an diese Mär zu glauben – sie achten darauf, dass Kuh und Igel sich nicht begegnen. Dabei ist nachgewiesen, dass der Igel seinen Mund gar nicht weit genug öffnen kann, um die Zitze einer Kuh zu umfassen, außerdem würden sich Kühe zu wehren wissen. Igel wurden auch beschuldigt, mit Vorliebe Hühnereier zu stehlen, obwohl sie ihren Mund gar nicht weit genug aufsperren können, um ein Ei zu packen und auszusaugen.

Jäger haben im Igel immer einen Schädling gesehen, weil sie ihn für fähig hielten, Häschen, junge Kaninchen, Fasanenküken und Wildvögel zu töten. Darum hat der Gesetzgeber lange zugestimmt, den Igel auf die Liste der Schädlinge zu setzen, sodass er verfolgt werden durfte – heute sind Igel geschützt.

Das Gute und das Schlechte

In Frankreich galten Igel lange Zeit als Unglückstiere, die um jeden Preis zu meiden waren, und wurden aus abergläubischen Gründen gejagt. Angeblich lief eine schwangere Frau Gefahr, eine Fehlgeburt zu erleiden oder ein entstelltes Kind zu gebären, das einem Igel aufs Haar glich,

Igel lassen sich sehr leicht in einen Garten locken: Es genügt, ihnen etwas Nahrung hinzustellen und eine kleine Unterkunft zu bauen.

wenn sie das Stacheltier nur aus der Ferne sah! Eine solche Geburt stand auch bevor, wenn die Empfängnis außerhalb des engsten Familienkreises stattfand. Ein Igel, der den Weg eines Menschen kreuzte, galt grundsätzlich als schlechtes Omen. Andererseits freute man sich in manchen Regionen über Igel am frühen Morgen – sie waren ein Zeichen, dass es ein guter Tag werden würde.

Dieses günstige Bild von Igeln war in anderen Teilen der Welt und in weit zurückliegenden Zeiten durchaus üblich, teilweise bis heute: Im alten Ägypten sah man im Igel ein nützliches Tier, wahrscheinlich, weil er Schlangen vernichtete; deswegen ist er oft auf schützenden Amuletten dargestellt. In der griechisch-römischen Welt wurden Igel geradezu verehrt, da sie insbesondere als Schutztier der Landwirtschaft und des heimischen Herdes galten. Eine ähnliche Rolle spielen sie auch in der Mythologie Afrikas, wo ihre Gegenwart eine gute Ernte verhieß. In China gelten Igel als heilige Tiere, denen nichts Böses angetan werden darf.

Igel kommen häufig in unsere Gärten und machen sich über verschiedene Schädlinge her.

Ein Symbol

Der Igel spielt in zahlreichen alten Mythen eine wichtige Rolle. Er kommt in den iranischen, sibirischen, kenianischen und türkischen Mythologien vor, in denen er verschiedene Rollen annimmt, darunter als Entdecker des Feuers, Erfinder der Landwirtschaft

oder auch als Berater der Menschen. Im Mittelalter wurde er öfter als Symbol für Geiz, Reichtum, Schlemmerei und manchmal auch für Grobheit angesehen. Dieses letztere Bild wurde in der Renaissance wieder aufgenommen, wo die Rauheit des Igels oft der Sanftheit des Hermelins gegenübergestellt wird.

Bei den Roma, wo er einen besonderen Platz einnimmt, wird er *niglo*, Schweinchen, kleiner Waldhund, Stacheltier, aber auch kleiner Dachs oder Stachelschwein genannt. Er ist ein Glücksbringer, wohltätig und nützlich, lebendes Symbol des Blitzableiters und im weiteren Sinne des Überlebens. Deshalb tragen Roma-Kinder oft eine Igelpfote am Hals, die sie vor Blitzen und großen Gefahren schützen soll.

Schmeckt gut

Die Manusch (Manouches), Jenischen, Sinti und Roma haben in früheren Zeiten den berühmten *niglo* gegessen. Bei den Manusch (Sinti des französischen Zentralmassivs) waren Igel eine gebräuchliche Zutat des täglichen Essens, bei anderen Gruppen eher nicht. Alle Sinti und Roma essen seit Jahrhunderten Fleisch, ziehen aber Schweinefleisch und Geflügel entschieden vor. Der Igel wird eher in Hungerzeiten gegessen. Meist hüllt man den ganzen Igel in Lehm und röstet ihn über dem Feuer.

In der Antike wurde der Igel vor dem Verzehr gemästet. Er gehörte auch in die Küche des Mittelalters in Form von Hackfleisch, das zu festlichen Gelegenheiten mit Äpfeln serviert wurde.

In Frankreich hat man Igelfleisch im zweiten Weltkrieg aus Not verzehrt. Heute steht er noch in Nigeria, in Nordafrika und auf den Balearen auf dem Speiseplan.

In der Literatur und in der Presse

In der Antike galt der Igel als unempfindlich. Immerhin hatte ihn die Natur mit einer Waffe ausgestattet, die es ihm erlaubte, sich erfolgreich zu verteidigen, ohne je einem Kampf austragen zu müssen. Äsop (6. Jahrhundert v. Chr.) machte aus ihm in seiner Fabel *Der Igel und die Schlange* ein listiges und zynisches Tier. Die gleichen listigen Eigenschaften erhält er in dem Märchen der Gebrüder Grimm *Der Hase und der Igel* in dem sich ein Igelpaar über einen arroganten Hasen lustig macht.

Der Igel heißt *hérisson* auf Französisch, *hedgehog* auf Englisch, *qunfud* auf Arabisch, *ciwei* auf Chinesisch, *erizo* auf Spanisch, *egel* auf Niederländisch, *riccio* auf Italienisch, *ourico* auf Portugiesisch und *jož* auf Russisch.

In der Bibel wird der Igel entweder im Zusammenhang mit unbewohnten oder verwüsteten Gegenden oder als ausgesprochen unreines Tier erwähnt. In den Bestiarien des Mittelalters und der Renaissance wird er als heimtückisch und gefräßig beschrieben. Er stand in dem Ruf, die Anbaufrüchte der Menschen zu stehlen und das, wie der Teufel in Person, mit boshaftem Vergnügen und Heimtücke, die angeblich in seinen Stacheln steckten. Ein ähnliches Bild findet sich auch in den Volksmärchen wieder, wo der Igel oft als Tier der Finsternis gesehen wird, das einen Pakt mit dem Teufel geschlossen hat.

Auch Shakespeare hat das stachelige Tier mehrmals erwähnt. Er benutzt den Igel zusammen mit Ungeziefer als Metapher für unwürdige und verkommene Menschen.

Der Igel ist sogar in der Filmwelt vertreten. Die Organisatoren des internationalen Natur- und Umweltfilmfestivals, das seit 1986 in Grenoble stattfindet, vergeben jedes Jahr Gold-, Silber- und Bronzeigel an preisgekrönte Filme.

Andererseits wird der Igel in der Literatur auch gerne als hilfsbereit und gutmütig, vernünftig und liebenswert beschrieben. So steht es bei Jean de La Fontaine, wo das Tier in der Fabel *Der Fuchs, die Fliegen und der Igel* den von Fliegen angegriffenen Fuchs rettet.

In Kinderbüchern taucht der Igel seit dem 19. Jahrhundert auf. In dem Märchen der Brüder Grimm *Hans mein Igel* rettet ein Junge mit dem Oberkörper eines Igels zwei Könige, die sich im Wald verlaufen hatten. Als Belohnung erhält er dafür die Hand einer Königstochter und verwandelt sich in einen schönen Prinzen. Vielen bekannt sind auch die zusammengerollten Igel, die von der Königin in *Alice im Wunderland* als Croquetkugeln verwendet werden. In zeitgenössischen Märchen gelten Igel eher als Bild für komische oder zumindest eindeutig sympathische Menschen.

In der bildenden Kunst

In einem Grab nahe Stonehenge gruben Archäologen neben einem Kind eine kleine Igelfigur aus Kalkstein aus, die dreitausend Jahre alt ist. In Ägypten fertigte man im Alten Reich Salbengefäße in Igelform (ein Topf mit Augenschminke aus glasiertem Ton ist im Museum für mediterrane Archäologie in Marseille ausgestellt). Später haben sich viele Künstler, Kunsthandwerker, Werbefachleute und andere Bildverkäufer des kleinen Tieres und seiner Stacheln bemächtigt und die mannigfaltigsten Bilder von ihm geschaffen. In der Heraldik wird er gelegentlich stehend oder laufend und mit leicht aufgestellten Stacheln als Wappentier verwendet, das vor allem Klugheit versinnbildlicht. Mehrere Länder haben Briefmarken mit seinem Abbild herausgegeben, beispielsweise Russland, Ungarn, Deutschland, Jugoslawien, Bulgarien, die Schweiz, die Insel Malta, Nordkorea und die Niederlande.

Der Igel ist das Maskottchen mehrerer Naturschutzorganisationen, darunter *France nature environnement* (FNE), aber auch von Gärtnereibetrieben, Möbelhäusern, Freizeitparks, Videospielen (Sega) und Hauptperson („Mecki") im Comic einer bekannten deutschen Fernsehzeitschrift. Große Marken, wie Volksagen, Citroën, JVC und Spontex, haben den Igel in ihre Werbung integriert. Man sieht ihn auf Telefonkarten, Postkarten, Heftetiketten, Klebebildern und vielen Gebrauchsgegenständen. Oft schmückt er als Freund der Kinder Kinderzimmer, Kinderkleidung und vieles mehr.

Wenn man einen Igel findet ...

In Deutschland ist es grundsätzlich verboten, geschützte Arten, wie den Igel, mit nach Hause zu nehmen. Ausnahmen gelten nur für eindeutig verletzte oder kranke Igel, erkennbar verwaiste Igeljunge und Igel, die im Winter bei Frost und Schnee herumlaufen. Man sollte das Tier aber auf jeden Fall zuerst zu einer Igelstation oder einem Tierarzt bringen. Dort gibt es hilfreiche Ratschläge, und das Tier kann im Notfall medizinisch betreut werden.

Ein Unterschlupf zum Wohlfühlen

Weil Igel überzeugte Einzelgänger sind, braucht jedes Tier seine eigene Unterkunft in einem gut belüfteten Raum mit Tageslicht und Zimmertemperatur. Das Igelquartier sollte außerdem eine Fläche von etwa zwei Quadratmetern haben und eine stabile, mindestens 50 Zentimeter hohe Umrandung. Die Fläche legt man mit mehreren Lagen Zeitungspapier aus, verwendet aber auf keinen Fall Sägemehl oder Katzenstreu. Das Papier muss täglich gewechselt werden, am besten morgens. In der Unterkunft muss unbedingt ein Schlafhäuschen sein, zum Beispiel ein oben geschlossener Karton mit etwa 30 Zentimetern Kantenlänge. Der bekommt einen seitlichen Eingang mit etwa zehn Zentimetern Durchmesser und wird mit jeder Menge zerrissenem und zerknülltem Zeitungspapier – nicht aber mit Naturmaterial – gefüllt, welches man mindestens einmal pro Woche austauscht, bzw. immer, wenn es feucht und schmutzig ist. Igel schlafen tagsüber. Sie mögen es dann leise und wollen ungestört bleiben. Auf keinen Fall sollte man sie in Wohnräumen herumlaufen lassen. Sie flüchten dann hinter Schränke und Heizkörper und kommen dort aufgrund ihrer abgespreizten Stacheln kaum noch heraus.

Das schmeckt dem Igel und tut ihm gut!

Es ist ausgesprochen wichtig, dass der Igel, den man aufgenommen hat, gut und ausgewogen ernährt wird. Ein paar Dinge sollte man dem Tier dabei auf keinen Fall geben, nämlich Obst, Gemüse, Salat, Milchprodukte, Nüsse und Rosinen sowie Brei für menschliche Kinder. All das fressen Igel entweder nicht, oder es macht sie krank. Was den Tieren schmeckt und was sie auch gut verdauen können, ist Katzen- oder Hundedosenfutter, Eier – die sollten aber hartgekocht oder als Rührei gegeben werden –, gekochtes Geflügelfleisch und Hackfleisch, das man zur Sicherheit vorher kurz anbraten sollte. Damit die Verdauung der Igel gut funktioniert, sollte der Speisezettel zusätzlich mit Weizenkleie, Haferflocken und Igeltrockenfutter ergänzt werden, das im Handel erhältlich ist. Igel sind lactoseintolerant, Milch gefährdet daher ihre Gesundheit und sogar ihr Leben. Es ist völlig ausreichend, wenn man dem Igel, den man versorgt, zum Trinken frisches Wasser in einem flachen, kippsicheren Schälchen gibt.

Im Internet gibt es unter www.pro-igel.de nicht nur jede Menge nützliche und interessante Informationen über Igel, sondern auch eine Liste von Organisationen und Institutionen in ganz Deutschland und darüber hinaus, an die man sich wenden kann, wenn man einem Igel in Not helfen will.

Man hebt einen Igel am besten an, indem man beide Hände unter ihn schiebt. Es ist sinnvoll, dabei Handschuhe, ein Stück dicken Stoff oder eine Zeitung zu Hilfe zu nehmen, denn die Stacheln können ganz schön pieksen!

Igel unter Schutz

Igel stehen in Frankreich und Deutschland unter Naturschutz. Sie dürfen weder getötet, noch verletzt, noch ohne triftigen Grund gefangen und im Haus gehalten werden (Ausnahmeregelungen sind gesetzlich geregelt).

Das Bundesnaturschutzgesetz verbietet weiterhin auch, „Lebensstätten wild lebender Tiere und Pflanzen ohne vernünftigen Grund zu beeinträchtigen oder zu zerstören". Es ist auf dem gesamten europäischen Territorium verboten, Igel zu fangen, zu transportieren, weiterzugeben, zum Verkauf anzubieten, zu verkaufen, zu kaufen oder sie für kommerzielle Zwecke zu halten. Eine Ausnahme machen Tiere, die in Gefangenschaft geboren und aufgewachsen sind und gemäß der geltenden Gesetze zertifiziert wurden.

Die Haltung von Igeln, wie auch aller anderen Wildtiere, ist genehmigungspflichtig und an strenge Vorschriften gebunden, die den Tieren ein artgerechtes Leben erlauben. Dazu gehört

Das Leben eines Igels ist voller Gefahren: Schwimmbäder, Becken, Gräben, aber auch die Kanalisation, Buschfeuer, Mähmaschinen, Netze und Schädlingsbekämpfungsmittel bedrohen ihn. Außerdem hat die Art unter Krankheiten und anderen Problemen zu leiden. Deshalb kämpfen mehrere Organisationen für seinen Schutz. Zu ihnen gehört die 1988 gegründete „Pro Igel", in der Zoologen, Biologen, Toxikologen und Veterinäre zusammenarbeiten.

Für Igel stellen chemische Gifte und der Straßenverkehr eine größere Gefahr dar, als ihre natürlichen Feinde. In der Tat sterben gerade einmal zehn Prozent aller Igel an Altersschwäche.

Der Igel gilt als ein im Durchschnitt häufiges Tier. Es ist dennoch verboten, ihn zu fangen, zu töten, zu erwerben oder zu verkaufen. Wer einen hilfsbedürftigen Igel findet, ist gehalten, ihn in einer Igelstation oder bei einem Tierarzt abzugeben.

Wer einen Igel im Winter in Gefangenschaft hält, verbessert keineswegs dessen Überlebenschancen, es sei denn, es handelt sich um ein junges oder krankes Tier. Wird er wieder in die Freiheit entlassen, hat er Anpassungsschwierigkeiten.

auch die Ausstattung des Geheges für Haltung und Aufzucht. Die Bereitstellung eines naturnahen Winterquartiers im Garten ist dagegen erlaubt und sogar erwünscht.

Privatpersonen dürfen ein geschütztes Wildtier nur unter bestimmten Bedingungen in ein nahes Naturschutzzentrum oder zu einem Tierarzt transportieren, falls es eine solche Einrichtung nicht in der Nähe gibt. In Europa sichert die Ratifizierung der Berner Konvention (26. April 1990), die 51 Länder unterschrieben haben, die Erhaltung der wildlebenden Pflanzen und Tiere und ihrer natürlichen Lebensräume.

Trotzdem bleibt noch viel zu tun. Der Lebensraum der Igel ist eng geworden oder in einigen Gegenden bereits gar nicht mehr vorhanden. Wo die Hecken aus der Landschaft verschwunden und die Wälder zerstört sind, wo Buschwerk gerodet, die Städte und mit ihnen das Straßennetz immer mehr Platz beanspruchen, schwinden die Lebensmöglichkeiten für die Igel. Außerdem vergiftet die massive Verwendung von Pestiziden die potenziellen Beutetiere des Igels; teilweise sind sie bereits völlig ausgerottet. Um diese Probleme zumindest teilweise zu lösen, werben Naturschutzorganisationen für verschiedene Maßnahmen:

- nicht mit Rasenmähern unter Böschungen, in Gräben oder auf Erdwällen und Randstreifen von Straßen mähen

- keine Pestizide verwenden
- an Straßenrändern Hecken und natürliche Wiesen schaffen; Zäune, geschützte Übergänge und andere geeignete Vorrichtungen für die Wege oder „Wechsel" des Igels bauen
- im Garten ein paar Ecken „unaufgeräumt" lassen, mehrere Durchschlüpfe schaffen, Beete nicht mit Netzen abdecken, die Kanalisationsöffnungen und Kellerfenster sichern, in Schwimmbädern, Gruben und Schächten ein rutschfestes Brett oder eine kleine Klettermauer als Ausstiegshilfe einlegen und selbstverständlich keine chemischen Produkte verwenden

Igelstationen in Frankreich

Die 1981 gegründete *Union nationale des centres de sauvegarde de la faune sauvage* (UNCS) unterhält 41 Nothilfezentren. Das Ziel dieser Organisation (http://www.chez.com/uncs) ist es, verletzte oder kranke Wildtiere unterzubringen und zu versorgen, damit sie wieder in ihr natürliches Umfeld gebracht werden können. Igel werden hier nur selten versorgt, und meist sind es verwaiste Jungtiere, die abgegeben werden. In Deutschland findet man ausführliche Informationen zu Igeln und ihrem Schutz – auch Möglichkeiten für den Einzelnen – unter dem Stichwort „Igel" bei www.nabu.de oder www.tierschutzbund.de.

Auf der Straße

Das Frühjahr ist eine gefährliche Zeit für Igel, denn die kommen zu Dutzenden auf den Straßen und Autobahnen um. Dafür gibt es mehrere Gründe. Jetzt beginnt die Paarungszeit, die Männchen durchstreifen ihre Reviere auf der Suche nach Weibchen. Die Jungen werden selbständig und der warme, feuchte Asphalt ist voller verlockender Regenwürmer und Insekten, der bevorzugten Nahrungstiere der Erinaceidae. Die Straße ist eine umso gefährlichere Falle, je näher sie am Waldrand, neben von Büschen gesäumten Wasserläufen oder Hecken verläuft.

Igel
aller Arten

Stacheligel und Haarigel sind Säugetiere aus der Ordnung der Insektenfresser (Insectivora). Zu dieser Tierordnung gehören beispielsweise auch Tanreks, Spitzmäuse und Maulwürfe. Unter Wissenschaftlern wird jedoch diskutiert, Igel nicht zu den Insektenfressern, sondern in die eigenständige Ordnung der Erinaceomorpha zu stellen (diese Ordnung wird bereits seit 1910 von Paläontologen verwendet). Die Familie der Igel (Erinaceidae) besteht aus den beiden Unterfamilien Haarigel und Stacheligel (Erinaceinae). Letztere umfasst fünf Gattungen und rund fünfzehn Arten und Unterarten, die in Europa, Asien und Afrika heimisch sind.

Weißbauchigel

Junger Weißbauchigel

Die afrikanischen Igel

Weißbauch- oder Afrikanischer Zwergigel
(Atelerix albiventris).
Unterarten: *A. a. algirus* (Algerischer Igel), *A. a. girbanensis* und *A. a. vagans* (Wanderigel)
Herkunft: Senegal oder Gambia
Verbreitung: Von Ostafrika bis zum Süden Mauretaniens, von Senegal bis Äthiopien und dem Süden des Sambesi; *A. atelerix algirus*, stammt aus Nordafrika und kommt in Algerien, Tunesien, im Norden Libyens, in Spanien und im Südwesten Frankreichs vor und wurde auch auf den Kanaren und den Balearen eingeführt.
Aussehen und Maße: 600 Gramm, 12–21 Zentimeter, graues, schwarzes und braun geflecktes Fell mit einer weißlichen Unterseite, kurze Beine, sehr kurzer Schwanz, große, spitze Schnauze, wird zwei bis zehn Jahre alt.
Lebensraum: Savannen, landwirtschaftliche Flächen, meidet Wälder, fühlt sich auch in Buschland und Gärten wohl.
Verhalten: nachtaktiv und einzelgängerisch, frisst vor allem Insekten und Spinnentiere, hält Winterschlaf.

Kapigel *(Atelerix frontalis)*
Unterarten: *A. frontalis frontalis, A. frontalis angolae*
Herkunft: Südafrika
Verbreitung: Vom Westen Simbabwes und Osten Botswanas bis zur Kapprovinz in Südafrika; vom Südwesten Angolas bis Namibia

Aussehen und Maße: 18–22 Zentimeter, 200–600 Gramm, Fell und Stacheln gibt es von graubraun bis grauschwarz, mit einem weißen Streifen auf der Stirn, der sich bis zu den Schultern oder Hinterpfoten, über die Kehle und die Brust ziehen kann; Gesicht, Pfoten und Schwanz sind von braunem bis dunkelbraunem Fell bedeckt. Der Bauch ist weiß bis schwarz, Ohren und Schwanz sind recht kurz; die Schnauze ist spitz, die Pfoten recht lang; der Kapigel wird in natürlicher Umgebung zwei bis drei Jahre alt.
Lebensraum: vorzugsweise trockene Grassteppen, Baum- und Buschland-Parks und Gärten
Verhalten: nachtaktiv und einzelgängerisch; hält von Juni bis September Winterschlaf; frisst Wirbellose und kleine Wirbeltiere wie Skarabäen, Frösche, kleine Reptilien, Nagetiere und Vogeleier.

Somalischer Igel *(Atelerix sclateri)*
Herkunft: Somalia
Verbreitung: Nordsomalia
Aussehen und Maße: 14–20 Zentimeter, Fell und Stacheln gibt es von graubraun bis grauschwarz, mit einem weißen Band auf der Stirn, das sich bis zum Schulter- und Brustbereich erweitern kann. Der Bauch ist weiß mit schwarzem Fell über dem Unterleib.
Lebensraum: Savanne, Buschland
Verhalten: nachtaktiv und einzelgängerisch, ernährt sich von Wirbellosen und kleinen Wirbeltieren sowie von Früchten.

Kleinohrigel und Waldigel

Amurigel *(Erinaceus amurensis)*
Synonym: Chinesischer Igel
Herkunft: Russland, östlich von Sibirien
Verbreitung: Südosten Sibiriens, Nordosten Chinas, Mandschurei, Korea
Aussehen und Maße: ähnelt dem europäischen Igel, ist aber heller gefärbt, 600–1000 Gramm.

Südlicher Weißbrustigel *(Erinaceus concolor)*
Synonyme: Ostigel
Unterarten: E. c. *concolor* (Südlicher Weißbrustigel), *E. c. rhodius* (Rhodosigel), *E. c. transcaucasicus* (Transkaukasischer Igel)
Herkunft: Türkei

Braunbrustigel

Südlicher Weißbrustigel

Verbreitung: Kleinasien bis nach Israel, Syrien, Libanon, Irak und Iran; südlich des Kaukasus
Aussehen und Maße: wie der Braunbrustigel, aber mit weißen Punkten auf der Brust, 800 Gramm, 20–30 Zentimeter. Die Lebenserwartung beträgt acht Jahre.
Verhalten: baut in der Regel kein Nest, zieht Laubhaufen vor.

Braunbrustigel
(Erinaceus europaeus)
Synonym: Westeuropäischer Igel oder Westigel
Unterarten: *E. e. europaeus* (Westeuropäischer Igel), *E. e. hispanicus* (Spanischer Kleinohrigel), *E. e. italicus* (Italienischer Igel)
Herkunft: Schweden, die Insel Gotland (Erstbeschreibung von Linné)
Verbreitung: Westeuropa, von Spanien bis Italien, die Halbinsel Istrien, der Norden Polens, Skandinavien und der Nordwesten des europäischen Russlands; Irland, Bretagne, Korsika, Sardinien, Sizilien, Azoren; nach Schottland und Neuseeland eingeschleppt
Aussehen und Maße: 20–35 Zentimeter, 400–2000 Gramm, braunes Stachelkleid, spitze Schnauze, Bauch und Pfoten mit bräunlichem Fell bedeckt, helles Bauchfell, gelbe und braune Stacheln mit helleren Spitzen. Der Bauch ist braun oder grau, immer mit einem dunkleren Brustfleck in der Mitte; der Braunbrustigel lebt drei bis zehn Jahre.
Lebensraum: trockene Wälder, Buschwerk, Lichtungen, Moore, Gärten, Parks, Wiesen
Verhalten: dämmerungs- und nachtaktiver Einzelgänger; kommt aus seinem Unterschlupf, wenn es regnet; hält Winterschlaf; ernährt sich hauptsächlich von Käfern, Ohrwürmern, Raupen, Tausendfüßern, Schnecken und Regenwürmern.

Nördlicher Weißbrustigel
(Erinaceus roumanicus)
Synonym: Osteuropäischer Igel
Unterarten: *E. r. roumanicus*, *E. r. bolkayi*, *E. r. nesiotes* (Kretaigel), *E. r. pallidus*
Herkunft: Rumänien
Verbreitung: Osteuropa, von Polen bis Österreich und Slowenien, Balkanstaaten, griechische Inseln, von der Adria bis Kreta, Korfu und Rhodos, türkisches Thrakien und von Russland und der Ukraine bis in den Nordkaukasus, Westsibirien und bis zum Ob

Ohrenigel

Langohrigel *(Hemiechinus auritus)*
Unterarten: *H. a. auritus* (Europäischer Langohrigel), *H. a. albulus*, *H. a. aegyptus* (Ägyptischer Langohrigel), *H. a. libycus* (Libyscher Langohrigel), *H. a. megalotis*

Verbreitung: Nordosten Afrikas, Zentral- und Ostasien, vom Norden Libyens bis zur Wüste Gobi, Nordchina und Mongolei, die Steppen- und Wüstenregionen in Ägypten, Jordanien, Israel, Syrien, im Irak, im Iran, in Afghanistan, im Südosten Russlands und in Pakistan
Aussehen und Maße: 12–30 Zentimeter, 240–500 Gramm, spitze Schnauze, lange und schlanke Beine, bewegliche Ohren, gestreifte Stacheln, kurzes und weiches Fell
Lebensraum: Halbwüsten, Trockenprärien und Steppen bis in 2500 Metern Höhe, Parks und Gärten
Verhalten: nachtaktiv und einzelgängerisch, hält Winterschlaf in Gegenden mit kalten Wintern, kann lange Zeiten ohne Nahrung und Wasser überstehen, ziemlich aggressiv.

Äthiopischer Igel

Indischer Langohrigel
(Hemiechinus collaris)
Verbreitung: Osten Pakistans, Nordwesten Indiens

Indischer Langohrigel

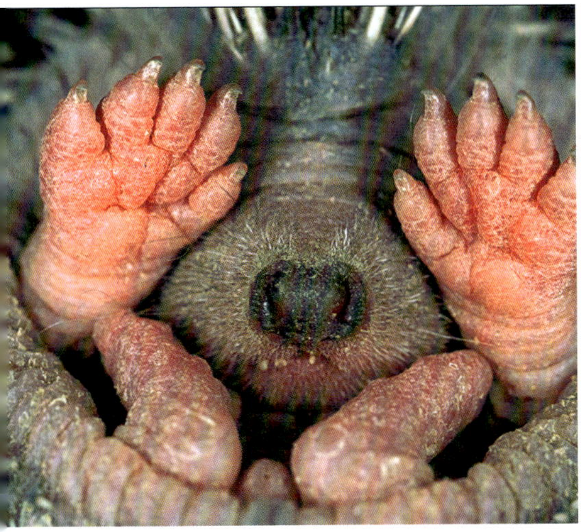

Aussehen und Maße: 14–18 Zentimeter, Fell und Stacheln dunkelbraun, dabei blasser im Gesicht und an der Schnauze
Verhalten: Identisch mit dem von *H. auritus*

Steppenigel

Daurischer Igel *(Mesechinus dauuricus)*
Verbreitung: Russland, Nordosten der Mongolei, Norden Chinas
Aussehen und Maße: 240–600 Gramm, 15–24 Zentimeter, ziemlich große Ohren, hartes Fell, wird bis zu sechs Jahre alt, hält Winterschlaf.
Lebensraum: Wälder, Steppen

Hughs Igel *(Mesechinus hughi)*
Verbreitung: Zentralchina und Mandschurei
Aussehen und Maße: 20 Zentimeter, ähnelt dem *H. dauuricus,* hat aber kleinere Ohren und ein braunes Fell.
Lebensraum: offenes Gelände, aber auch Nadelwälder und Buschwerk, Steppen

Wüstenigel

Äthiopischer Igel
(Paraechinus aethiopicus)

Synonyme: Ägyptischer Igel, Afrikanischer Wüstenigel

Unterarten: *P. a. aethiopicus* (Äthiopischer Igel), *P. a. albatus* (Albino), *P. a. deserti* (Wüstenigel), *P. a. ludlowli*, *P. a. pectoralis* (Braunbauchigel)

Verbreitung: Afrika (an der Ostseite Libyens) und Ägypten bis zum Sinai

Aussehen und Maße: 14–23 Zentimeter, schwarzes Fell, große Ohren, zahlreiche Stacheln am Kopf, stachelloser Mittelscheitel

Lebensraum: Halbwüsten, Steppen, Buschwald; oft in Gärten und Anbauflächen; meidet wüstenartige Gebiete.

Brandts Igel
(Paraechinus hypomelas)

Unterarten: *P. h. hypomelas*, *P. h. blanfordi* (Blanford-Igel), *P. h. eversmanni* (Eversmann-Igel), *P. h. sabaeus*, *P. h. seniculus*

Herkunft: Zentral- und Ostasien

Verbreitung: Kasachstan, Usbekistan, Turkmenistan, Pakistan, Iran, im Süden Afghanistans, im Norden Indiens und im Süden der arabischen Halbinsel

Aussehen und Maße: schwarzer Igel, große Ohren, leichte und großformatige Stacheln, 500–1000 Gramm, 25 Zentimeter

Lebensraum: steiniges Gelände, Wüsten, Trockensteppen und Anbauflächen

Verhalten: überwiegend nachtaktiv; hält Winterschlaf, nutzt natürliche Schlupfwinkel, kann aber auch ein Nest bauen; ernährt sich von Insekten, aber auch Schnecken, Schlangen, Fröschen, Kadavern, Vogeleiern, Gräsern, Pilzen, Melonen, Beeren.

Indischer Igel
(Paraechinus micropus)

Herkunft: West- und Südindien, Pakistan

Aussehen und Maße: maskenartige Schnauze, 200–600 Gramm, 14–23 Zentimeter

Lebensraum: Ebenen, mit Gebüsch bewachsene Hänge, meist entlang Wasserläufen; Wüsten- oder Halbwüstengebiete

Verhalten: nachtaktiv und einzelgängerisch; abwechslungsreiche Nahrung, dazu Frösche, Kröten, Schlangen, Skorpione; baut selten ein Nest; hält keinen Winterschlaf.

Nacktbauchigel
(*Paraechinus nudiventris*)

Herkunft: Indien, Madras

Verbreitung: Südindien (Population ist sehr zurückgegangen)

Lebensraum: trockene Zonen mit Buschwerk

Verhalten: nachtaktiv, hält Winterschlaf.

Brandts Igel

Register

Bildnachweis

allocricetulus/Fotolia.com: 76; AndCh/Fotolia.com: 21; arinaE/Fotolia.com: 54; ArtComma/Fotolia.com: 14-15; A. Auge/Fotolia.com: 26-27; M. Bazin/Fotolia.com: 71 b; Bignon/Nature: 41 h, 41 b; Bruemmer Fred-Peter Arnold/Biosphoto: 77 h; bysinka/Fotolia.com: 55; Capnord/Fotolia.com: 49 m; Chaumeton-Lanceau/Nature: 72; CherJu/Fotolia.com: 22; J.-P. Demolin/Fotolia.com: 49 b; M. Doubrava/iStockphoto: 30-31; Eichaker Xavier/Biosphoto: 78; A. Erdbeer/Fotolia.com: 70; M. Forrest/Fotolia.com: 65; Fotolia.com: 17; I. Gorelchenkov/Fotolia.com: 53-53; S. Güttler/Fotolia.com: 71 h; K. Hahn/Fotolia.com: 24-25; M. Homann/Fotolia.com: 49 h; S. Hovaguimian/Fotolia.com: 36; hubertikus/Fotolia.com: 46-47; E. Isselée/Fotolia.com: 7; R. Ivanov/Fotolia.com: 43; L. Kalmikova/Fotolia.com: 75; Kemmler/Fotolia.com: 58; A. Kisselev/Fotolia.com: 64; S. Kivenko/Fotolia.com: 28; Kyler13/Fotolia.com: 50-51; Lana/Fotolia.com: 59; H. Lange/Fotolia.com: 42-43, 56-57; L. Menze/Fotolia.com: 29; Mix Henry-M./OSF/Biosphoto: 77 b; M. Moroz/Fotolia.com: 66-67; Mushy/Fotolia.com: 19; P. Normand/Fotolia.com: 68-69; V. Pakhnyusshchyy/iStockphoto: 33; photlook/Fotolia.com: 37; J. Pohl/Fotolia.com: 60-61; Pro-fekt e.K/Fotolia.com: 62; rachwal/Fotolia.com: 40; M. Roszkowski/iStockphoto: 73; C. Shirley/Fotolia.com: 23; B. Stefanov/iStockphoto: 45; Tany/Fotolia.com: 34 b; J. Thorpe/Fotolia.com: 34 h; M. Tihelka/iStockphoto: 38; Tobilander/Fotolia.com: 20, 35; vchphoto/Fotolia.com: 6; Vely/Fotolia.com: 18; L. Wilkie/Fotolia.com: 48.